Complete the Addition problems and fill in the blank.

0 + 1 = _____

0 + 2 = _____

0 + 3 = _____

0 + 4 = _____

0 + 5 = _____

0+

0 + 6 = _____

0 + 7 = _____

0 + 8 = _____

0 + 9 = _____

0 + 0 = _____

1+

1 + 1 = _____

1 + 2 = _____

1 + 3 = _____

1 + 4 = _____

1 + 5 = _____

1+

1 + 6 = _____

1 + 7 = _____

1 + 8 = _____

1 + 9 = _____

1 + 0 = _____

$1 + 8 =$

_____

1+, Mixup

1 + 3 = _____

1 + 6 = _____

1 + 9 = _____

1 + 0 = _____

1 + 4 = _____

1+, Mixup

1 + 0 = _____

1 + 2 = _____

1 + 7 = _____

1 + 8 = _____

1 + 1 = _____

2+

2 + 6 = _____

2 + 7 = _____

2 + 8 = _____

2 + 9 = _____

2 + 0 = _____

2+

2 + 6 = _____

2 + 7 = _____

2 + 8 = _____

2 + 9 = _____

2 + 0 = _____

2+, Mixup

2 + 6 = _____

2 + 1 = _____

2 + 9 = _____

2 + 4 = _____

2 + 0 = _____

$2 + 0 =$

_____

2+, Mixup

2 + 5 = _____

2 + 3 = _____

2 + 7 = _____

2 + 2 = _____

2 + 8 = _____

3+

3 + 0 = _____

3 + 1 = _____

3 + 2 = _____

3 + 3 = _____

3 + 4 = _____

3+

3 + 0 = _____

3 + 1 = _____

3 + 2 = _____

3 + 3 = _____

3 + 4 = _____

3+

3 + 5 = _____

3 + 6 = _____

3 + 7 = _____

3 + 8 = _____

3 + 9 = _____

3+, Mixup

3 + 6 = _____

3 + 2 = _____

3 + 9 = _____

3 + 5 = _____

3 + 7 = _____

3+, Mixup

3 + 8 = _____

3 + 6 = _____

3 + 1 = _____

3 + 3 = _____

3 + 4 = _____

$3 + 3 =$

_____

4+

4 + 0 = _____

4 + 1 = _____

4 + 2 = _____

4 + 3 = _____

4 + 4 = _____

4+

4 + 5 = _____

4 + 6 = _____

4 + 7 = _____

4 + 8 = _____

4 + 9 = _____

4+

4 + 5 = _____

4 + 6 = _____

4 + 7 = _____

4 + 8 = _____

4 + 9 = _____

4+, Mixup

4 + 6 = _____

4 + 2 = _____

4 + 9 = _____

4 + 5 = _____

4 + 7 = _____

4+, Mixup

4 + 1 = _____

4 + 3 = _____

4 + 6 = _____

4 + 4 = _____

4 + 8 = _____

5+

$5 + 0 =$ _____

$5 + 1 =$ _____

$5 + 2 =$ _____

$5 + 3 =$ _____

$5 + 4 =$ _____

5+

5 + 5 = _____

5 + 6 = _____

5 + 7 = _____

5 + 8 = _____

5 + 9 = _____

5+, Mixup

5 + 6 = _____

5 + 2 = _____

5 + 9 = _____

5 + 5 = _____

5 + 7 = _____

$4 + 9 =$

_____

5+, Mixup

5 + 1 = _____

5 + 3 = _____

5 + 8 = _____

5 + 4 = _____

5 + 6 = _____

6+

6 + 0 = _____

6 + 1 = _____

6 + 2 = _____

6 + 3 = _____

6 + 4 = _____

6+

6 + 5 = _____

6 + 6 = _____

6 + 7 = _____

6 + 8 = _____

6 + 9 = _____

6+, Mixup

6 + 5 = _____

6 + 2 = _____

6 + 9 = _____

6 + 6 = _____

6 + 0 = _____

6+, Mixup

6 + 6 = _____

6 + 2 = _____

6 + 9 = _____

6 + 5 = _____

6 + 7 = _____

6 + 7 =

_____

7+

7 + 0 = _____

7 + 1 = _____

7 + 2 = _____

7 + 3 = _____

7 + 4 = _____

7+

7 + 5 = _____

7 + 6 = _____

7 + 7 = _____

7 + 8 = _____

7 + 9 = _____

7+, Mixup

7 + 5 = _____

7 + 6 = _____

7 + 9 = _____

7 + 4 = _____

7 + 2 = _____

7+, Mixup

7 + 1 = _____

7 + 3 = _____

7 + 5 = _____

7 + 8 = _____

7 + 7 = _____

8+

8 + 0 = _____

8 + 1 = _____

8 + 2 = _____

8 + 3 = _____

8 + 4 = _____

8+

8 + 5 = _____

8 + 6 = _____

8 + 7 = _____

8 + 8 = _____

8 + 9 = _____

8+, Mixup

8 + 5 = _____

8 + 2 = _____

8 + 9 = _____

8 + 6 = _____

8 + 0 = _____

9+7=

_____

8+, Mixup

8 + 6 = _____

8 + 2 = _____

8 + 9 = _____

8 + 5 = _____

8 + 7 = _____

9+

9 + 0 = _____

9 + 1 = _____

9 + 2 = _____

9 + 3 = _____

9 + 4 = _____

9+

9 + 5 = _____

9 + 6 = _____

9 + 7 = _____

9 + 8 = _____

9 + 9 = _____

9+, Mixup

9 + 5 = _____

9 + 2 = _____

9 + 9 = _____

9 + 6 = _____

9 + 0 = _____

9+, Mixup

9 + 7 = _____

9 + 5 = _____

9 + 9 = _____

9 + 2 = _____

9 + 6 = _____

ANSWERS:

0:
1, 2, 3, 4, 5
6, 7, 8, 9, 0

1:
2, 3, 4, 5, 6
6, 7, 8, 9, 1
Random: 8
3, 7, 10, 1, 5
1, 2, 8, 9, 2

2:
3, 4, 5, 6, 7
8, 9, 10, 11, 2
8, 3, 11, 6, 2
Random: 2
7, 5, 9, 4, 10

3:
3, 4, 5, 6, 7
8, 9, 10, 11, 12
9, 5, 12, 8, 10
11, 9, 4, 6, 7
Random: 6

4:
0, 5, 6, 7, 8
9, 10, 11, 12, 13
10, 6, 13, 9, 11
5, 7, 10, 8, 12

5:
5, 6, 7, 8, 9
10, 11, 12, 13, 14
11, 7, 14, 10, 12
Random: 13
6, 8, 13, 9, 11

6:
6, 7, 8, 9, 10
11, 12, 13, 14, 15
11, 8, 15, 12, 6
12, 8, 15, 11, 13
Random: 13

7:
7, 8, 9, 10, 11
12, 13, 14, 15, 16
12, 13, 16, 11, 9
8, 10, 12, 15, 14

8:
8, 9, 10, 11, 12
13, 14, 15, 16, 17
13, 10, 17, 14, 8
Random: 16
14, 10, 17, 13, 15

9:
9, 10, 11, 12, 13
14, 15, 16, 17, 18
14, 11, 18, 15, 9
16, 14, 18, 11, 15

Ages: 4-6

Your Test Helper & Addition:

Workbook
For Kids!

CB — A take-home book for your students or kids! (point out patterns) Have kids really practice each test for better grades. Test is new. Come now.

www.ingramcontent.com/pod-product-compliance
Lightning Source LLC
Chambersburg PA
CBHW051223220526
45473CB00003B/1142